青海交通职业技术学院

国家骨干院校重点建设专业校企合作教材编审委员会
汽车运用技术专业建设委员会

序

2010年青海交通职业技术学院跻身于全国高职院校“百强”行列，成为西北地区唯一一所交通运输类国家骨干高职院校。汽车运用技术专业群是国家骨干高职院校重点建设项目之一。

本套教材基于汽车运用技术专业“厂校融通、项目引领、三段递进”312人才培养模式，结合现代职业教育理念，以一汽大众汽车、北京现代汽车、丰田汽车、奇瑞汽车四种车系为基础，系统地、科学地将四种品牌汽车知识、新技术、操作规范及在专业中的应用技能进行了整合，引导学生在掌握基本的汽车理论基础后，结合实际的职业岗位能力要求，进行四种车系专项技能学习。

本套教材的内容是在企业调研的基础上，吸收高职高专课程体系改革的先进理念，结合专业特色进行整合的共享型资源，具有较强的指导性、应用性。

本套教材是在多年贯彻“工学结合、校企合作”人才培养模式的教学改革经验的基础上，以职业能力培养为目标，由企业技术人员和学校教师共同编写，体现了学校教学和企业实践的有机统一，传统工艺和现代技术的有机融合，并严格贯彻最新标准、规范、工艺和规程要求。编写过程中注重特定教学对象的认识能力和认知规律，采用图文结合的形式，力求直观明了，提供一种提高学生职业素养和职业能力的解决方案，切实做到了理论够用、重在实践。

本教材的主要特点是：

1. 从企业的需要出发，重塑教学目标

本教材是从企业的需要及学生的职业发展出发，让学生通过品牌汽车专门化学习，能够切实找到自己的职业发展方向或者是能较好地适应未来企业的用人需要。

2. 从人才培养的目标出发，重整教学内容

汽车技术涉及的品牌、范围、层面、内容非常广泛，本教材以丰田、一汽大众、奇瑞和北京现代四种车系基本知识为基础，以面向高职学生的技能实务为主线，把握重点、落到实处。

本教材在编写过程中，参考了近5年来不同版本的本科、专科及中职相关教材、教学参考资料及相关车系4S店提供的信息资料，在此谨向各位参考文献的编写专家及提供信息资料的相关个人、部门表示衷心的感谢。

青海交通职业技术学院

国家骨干院校重点建设专业校企合作教材编审委员会

汽车运用技术专业建设委员会

2012年12月

序

前　言

为了全面实施青海交通职业技术学院汽车技术服务与营销专业教材的提升，积极推进我院汽车技术服务与营销专业工学结合特色教材的建设，更好地满足职业教育改革和发展的需求，教材编写小组按照《中央财政支持高等职业学校专业建设发展建设方案》的要求，紧密结合目前我省汽车4S店对汽车维修接待的实际需求，教材编写小组通过深入市场调研，与企业共同构建了基于汽车维修接待工作流程的工学结合特色教材，本教材供汽车技术服务与营销专业教学使用。

本教材参照汽车维修接待技能领域和职业岗位的要求，以能力培养、掌握实用操作技能为根本出发点，采用项目式的编写方式，在各项目中通过不同的实训任务展现岗位技能与专业知识的融合，从而有效体现知识与工作岗位一体化，即工学结合的特色，并充分利用现有条件，与行业企业合作，邀请行业专家共同对汽车维修接待岗位工作任务和职业能力进行分析，确定岗位的工作任务和职业能力要求，联合开发了这本有效服务于企业的工学结合实训的教材。

参加本书编写工作的有青海海通汽车贸易有限公司服务经理郑小川（编写项目七），汽车系教师韩风（编写项目一、二、四、五）、蔡月萍老师（编写项目三）、王瑛老师（编写项目六）。

限于编者经历和水平，教材内容难以覆盖全省各个汽车4S店汽车维修接待的实际情况，希望各教学单位在积极选用和推广本教材的同时，注意总结经验，及时提出修改意见，以便修订再版。

教材编写小组

2012年11月

目　录

项目一 预约服务

一、项目说明

根据维修企业车辆进厂情况来看，一般是上午来车比较多，下午来车比较少。平时来车比较多，周末来车比较少。这样对维修企业就意味着客户集中时很忙碌，对客户的接待和维修工作质量有可能受到影响。客户稀少时，接待和维修任务不饱满，人力与设备闲置，资源浪费。维修企业只有重视预约服务工作，使客户有计划、有秩序地进厂维修车辆，才能均衡企业的维修生产，减少客户等待时间，提高客户对企业的满意度。

二、项目准备

(1)在客户档案中查阅用户车辆资料，查询近期需要进行服务(服务内容包括新车首次维护、维护到期、质保到期、特定维修项目等)的客户名单，了解用户信息和用户的车辆情况(如用户名、联系方式、以往的维修情况等)。

(2)登陆企业系统网站，落实维修车间维修技师、工位，仔细了解企业的生产情况和收费情况，以便针对客户的具体要求及时做出合理的预约安排(如车间是否可以安排工位、相应的配件是否有现货或何时到货等)。

三、实训教学目标

(1)了解用户信息，确认所需备件的库存情况。

(2)锻炼同学们良好的沟通能力，具有一定的亲和力、协调组织能力。

(3)能够引导、受理客户提出的预约工作。

四、实训设备及工具

电话4部，客户档案4份，电脑4台(能上网)，汽车常用件价格表及常规维护修理项目工时费价格表4份。

五、教学组织

1.教学组织形式

每组实训资料安排10名学生参与实训。一名学生按照预约的过程进行预约服务的准备工作，与客户进行预约服务及预约服务完成后通知维修车间、配件部门做好相应的准备工作，其余同学进行观察学习，并对该学生的介绍提出改进建议。10名学生依次进行展示训练。

2.学生分工和要求

(1)1名学生扮演服务顾问，负责展示整个预约服务工作过程。

(2)1 名学生扮演客户,与服务顾问完成互动环节。

(3)1 名学生扮演配件车间员工、维修车间员工与服务顾问完成互动环节。

其余同学进行观察学习后,对该名进行展示的同学的演示过程指出其优点和缺点。

3. 实训教师职责

讲解实训步骤和注意事项,按照展示过程进行检视、指导和纠正错误。

4. 学生职责变换

1 名学生演示完毕后,其他同学依次进行角色互换,完成实训任务。

六、工作流程

(一)相关概念

1. 预约服务的定义

预约服务是指预告客户预先沟通,了解服务需要,确定服务内容,最终达成服务约定的过程,其过程包括预约服务前的准备、客户沟通及确认预约服务等工作。

2. 预约服务的方式

预约服务可以通过电话、短信、网站、邮件、即时通信软件和当面预约完成,通常主要通过电话预约完成,分经销商主动预约(主动预约)和用户主动预约(被动预约)两种形式。预约方式见图 1-1。

图 1-1　预约的方式

主动预约服务:指服务顾问通过提醒服务系统及用户档案,主动提醒客户来店进行的预约服务。

被动预约服务:指客户自主联系或服务顾问引导用户主动与经销商进行的预约服务。

3. 预约服务的好处

(1)客户可以根据预约服务的时间来安排自己的日程,并能够选择服务顾问,享受预约安排的工位、快速接待通道,减少等待时间,提升客户满意度。

(2)经销商可以有效地调整日常服务顾问的波动,削峰填谷,合理配置人力资源和物力资源,提高服务效率和质量。

(3)通过预约服务可以提升品牌形象,创造客户忠诚度。

预约是保证多方共赢得必要安排。

4. 预约服务工作内容

(1)询问用户及车辆基础信息(核对老用户数据、登记新用户数据)。

(2)询问行驶里程。

(3)询问上次维修时间及是否是重复维修。

(4)确认用户的需求、车辆故障问题,并说明预约的好处。

(5)介绍特色服务项目及询问用户是否需要这些项目。

(6)确定服务顾问的姓名。

(7)确定接车时间(留有余地)。

(8)暂定交车时间。

(9)提供价格信息(既准确又留有余地)。

(10)告诉用户带相关的资料(随车文件、防盗器密码、维修记录等)。

5. 预约服务工作要求

(1)使用标准表格《预约登记表》,同表 1-2。

(2)引导用户预约。通过设立欢迎板等手段加强预约宣传;采用工时折扣等优惠措施刺激用户预约。

6. 预约服务注意事项

(1)要有一定的硬件支持,认真填写预约登记表、预约计划表、车间生产能力安排计划表(最好使用计算机,或者在网站上发布可供预约的时间表)。

(2)用电话预约时,要有足够的电话容量,以免客户电话联系时总是占线。

(3)分别提前一天和提前一小时与客户电话联系,以确定是否能如约维修,如果客户不能来,应马上取消这次预约并及时通知相关部门;另外,应该及时联络其他待修客户寻求替代的可能性。

(4)一定要努力兑现对预约客户的所有承诺,否则将会影响以后预约工作的开展和企业信誉。

(5)客户无故超过预约时间 30min 还没到达,可以取消预约。

(6)如果因企业原因不能执行预约,应提前通知客户,说明原因,致以歉意,并重新预约。

(7)为提高预约服务的计划性和有效性,要对预约服务的比例及预约服务的执行情况进行分析,总结经验,不断改进。

7. 预约服务话术分析(表 1-1)

预约话术 表 1-1

预约服务客户类型	话术	备注
新车首次维护客户	××女士/先生,感谢您选择我们××(公司名称)××(车型)!请问您的爱车行驶了多少公里了?做过首次和保养吗?	
维护到期客户	××女士/先生,您的爱车上次在(时间或公里数)我们店做的(系统记录项目)维护,请问您的爱车行驶了多少公里了?	
休眠客户	××女士/先生,根据系统记录,您距上次来店维护车辆已经有六个月的时间了,请问您的爱车现在行驶了多少公里了?	
流失客户	××女士/先生,根据系统记录,您距上次来店维护车辆已经有一年的时间了,请问您的爱车现在行驶了多少公里了?	

续上表

预约服务客户类型	话　术	备　注
服务行动客户	××女士/先生,我们这次来电是想通知您……(企业下发的服务行动内容)	
特定维修项目客户	××女士/先生,您上次预定的(备件名称)已到货,请尽快来店更换,请问您哪天方便来店	以备件到货为例
对建议维修客户	××女士/先生,我们这次来电是想提醒您,您上次来店(建议维修项目)没有进行,考虑此项目涉及车辆性能和行车安全,我们建议您及时来店进行(建议维修项目),请问您哪天方便来店	
定期维护	××女士/先生,我们建议您的爱车下次在(建议维护时间)或(建议维护里程)来我店做定期维护,请您不要错过维护周期。如有需要,请随时拨打预约电话	

(二)主动预约客户(实训一)

1. 主动预约服务的实施过程

(1)预约服务准备工作。

(2)按标准话术打电话。

(3)电话问诊。

(4)确定预约信息。

(5)填写预约登记表。

(6)维护用户档案。

(7)总结确认,守约说明,提醒用户。

(8)致谢道别。

(9)维护《预约看板》。

2. 情景描述

服务顾问赵×在整理客户档案时,发现张先生2009年8月购买的捷达伙伴已到质保期,车辆需要进行质保检测,需要对张先生进行质保预约工作。

(1)做好预约服务前的准备工作。

(2)预约服务流程演示。

服务顾问:您好,张先生,我是××××4S店服务顾问赵×,系统显示您的爱车是在2009年8月购买的,根据质量担保条理的规定,整车质量担保期为两年或6万km,我现在提醒您,您的爱车将在2012年8月23日到达质量担保期,接下来的一周里本店将开展针对质保到期车辆的免费检验。请问,您需要预约一个时间来店检测吗?

客　　户:您好,我的车买了到现在为止虽然已经两年了,但没有行驶到6万km,请问需要做质保吗?

服务顾问:张先生,整车质量担保期为2年或6万km,哪个先到就以哪个为准,您的爱车购买时间已经超过两年,所以需要通过做质保来对您爱车的性能进行检验。

客　　户:感谢你的来电提醒,我决定来做质保。

服务顾问:张先生,我们给您推荐的时间段是早上 9:30 ~ 10:30,下午 14:30 ~ 16:30,请问您具体什么时间来质保?

客　　户:请问今天可以吗?

服务顾问:张先生,我要跟您说明一下,预约一般都要提前一天,我们公司规定客户如果提前一天进行预约将会享受三优待遇,即优先:优先安排您的时间进行维修修理,不必等候;优待:事先为您过好各种准备,并且可选择您熟悉的服务人员;优惠:工时费享受九折优惠。您要今天来做质保,只能享受工时费九折优惠,您确定要今天来做质保吗?

(如果当天客户要过来做车辆维护修理,在服务接待能力容许的情况下,接受客户预约,并提醒客户下次预约要提前一天打电话,并说明,当天我们无法给您的车辆提前安排工位,并做出行相应建议)

客　　户:哦,我刚好今天有时间,所以决定今天来。

服务顾问:好的,我帮您查一下今天能不能给您安排质保,好吗?

(当天预约必须安排在预约时的 4h 以后)

客　　户:好的。

服务顾问:请问把您的时间安排到今天下午 16:40,可以吗?

客　　户:可以。

服务顾问:麻烦您说一下您爱车的车牌号码和车型,好吗?

客　　户:车牌××××××,车型××××××。

服务顾问:张先生,您的车牌是××××××,车型是××××××(确定车牌号码及车型)。请问您的爱车行驶里程是多少?

客　　户:×××km。

服务顾问:请问除了做质保以外,您还有其他需要一次性解决处理的问题吗?

客　　户:我的左前照,灯坏了,想换个新的,其他没有了。

服务顾问:张先生,您这次进行的维护属于首次维护,我公司将对您的爱车进行免费维护,时间大约有一个半小时,您需要更换的前照灯零件价格为 453.38 元,更换工时费为 160 元,预计 613.38 元,更换备件时间大概需要半个小时,预计共需时间两个小时。

客　　户:知道了,谢谢。

服务顾问:张先生,请问我们还是通过 138××××××××这个电话与您联系,可以吗?

客　　户:可以。

服务顾问:张先生,到时候您的服务顾问会提前一个小时提醒您,您看是打电话方便还是发短信方便?

客　　户:打电话。

服务顾问:张先生,请您过来的时候一定别忘记带车辆的维修手册、行车证、驾驶证等相关证件,好吗?

客　　户:好的,谢谢提醒。

服务顾问:张先生,我帮您再确认一下。您的××××××(车牌)车辆预约今天下午 16:40 来我店做质保和更换前照灯项目,所花时间约为两个小时 ,更换前照灯零件价格和更换工时费预计 613.38 元,接待您的服务顾问是赵×,他会提前与您电话联系。刚才提醒您携带的证件、维修手册、车辆行驶证、驾驶证等相关证件别忘带，好吧。

客　　户：好的，谢谢再次提醒。

服务顾问：张先生，再次感谢您对我们工作的支持，祝您用车愉快！

客　　户：谢谢。

3. 填写预约登记表

根据掌握的情况，填写预约登记表中的相应信息，以便节约接车时间。

4. 角色互换

其他同学依次进行角色互换，完成实训任务。

5. 学习测试

完成演示后，填写任务学习测试表1-2。

学习测试表　　表1-2

主动预约	姓名：	日期：
	班级：	成绩：

一、简述预约的分类及其目的

二、填写预约登记表

预约单号：

服务顾问		主修人		工位	
客户名称		联系人		联系电话	
牌照号		底盘号		行驶里程	
预约接车开始时间			预约接车结束时间		
预约维修开始时间			预约维修结束时间		
维修类型			预约类型		
交通服务			付费方式		
地址					
维修项目			维修备件		
维修项目费用合计		维修备件费用合计		总费用	
客户故障描述：					
经销商建议：					
预约专用工具：					

三、根据预约话术编写一段主动预约对话

6. 考核

考核标准见表 1-3。

考核标准　　表 1-3

检验项目	评价标准	小组评价	教师评价
预约准备工作	准备资料完整(1 分)		
客户沟通	1. 预约话术:正确(3 分);基本正确(2 分);错误较多(1 分)		
	2. 定期维护或零部件维修更换报价:正确(3 分);基本正确(2 分);错误较多(1 分)		
填写预约登记表的完整度	完整(3 分);基本完整(2 分);错误较多(1 分)		
总体评价	1. 演练过程中的精彩度:非常精彩(3 分);精彩(2 分);还可以(1 分) 2. 演练过程中的熟练度:非常熟练(3 分);熟练(2 分);不太熟练(1 分)		
综合评定结果(满分 16 分)			

(三)被动预约客户沟通(实训二)

1. 被动预约服务的实施过程

(1)按标准话术接听电话。

(2)问诊。

(3)查看维修档案及建议维修项目。

(4)确定预约信息。

(5)填写预约登记表。

(6)维护用户档案。

(7)总结确认,守约说明,提醒用户。

(8)致谢道别。

(9)维护《预约看板》。

2. 情景描述(被动预约服务流程演示)

服务顾问赵×接到王先生的电话,他想对自己的爱车(全新迈腾)进行 4 万 km 的常规维护,并反映自己的爱车有刮水器异响的现象。

服务顾问:您好,我是××××4S 店服务顾问赵×,很高兴为您服务,请问有什么需要帮助的吗?

(电话铃响 3 声即 15s 内必须接电话)

客　　户:您好,我想给我的车做个常规维护。

服务顾问:先生,请问您贵姓?

客　　户:姓王。

服务顾问:王先生,您好,请问您打算什么时候来做常规维护?

客　　户:后天可以吗?

服务顾问:可以,王先生。我们为您推荐的时间段是早上 9:30 ~ 10:30、下午 14:30 ~ 16:30,请问您具体什么时间来?

客　　户:哦,早上 11:00 可以吗?

服务顾问:王先生,我们早上 10:30 ~ 12:30、下午 14:30 ~ 16:30 是我公司的维修高峰期,由于您属于提前预约,那么我将您的时间段定在后天上午 10:30 ~ 12:30,好吗?

客　　户:好的。

服务顾问:王先生,我还要向你说明的是由于您的预约属于提前预约,所以后天您来我公司做维护时您将能享受到我公司对提前进行预约客户所制定的三优待遇,即优先:优先安排您的时间进行维护修理,不必等候;优待:事先为您过好各种准备,并且可选择您熟悉的服务人员;优惠:工时费享受九折优惠。

客　　户:是吗,太好了,谢谢。

服务顾问:王先生,麻烦您说一下您爱车的车牌号码和车型,好吗?

客　　户:车牌××××××,车型××××××

服务顾问:王先生,您的车牌是××××××,车型是××××××。请问您的爱车行驶里程是多少呢?

客　　户:×××km。

服务顾问:王先生,请问除了做常规维护以外,您还有其他需要一次性解决处理的问题吗?

客　　户:有,我的刮水器偶尔有异响,你知道什么原因吗?

服务顾问:王先生,通过电话我们无法判断您爱车具体哪里出了故障。为了保证您的安全和车辆的性能,需要您开车来店进行检查。

客　　户:知道了,谢谢。

服务顾问:请问王先生您在我店有熟悉的维修顾问和维修技师吗?

客　　户:没有。

服务顾问:那么,由我来为您安排一位我店资深维修技师为您检查,由我来担任您的服务顾问,好吗?

客　　户:好的,谢谢。

服务顾问:不客气,王先生,您本次进行的是 4 万 km 的维护,工时费为 370 元,备件为机油滤清器 107 元,全合成长效机油 339.88 元,滤芯 61.25 元,带臭味及有害物质滤清器 90 元,火花塞 413.84 元,汽油添加剂 47 元,共计 1 429.01 元,耗时 2h。另外,您的爱车刮水器偶尔有异响的故障经我店技师检查后,费用另计,时间另算。

客　　户:好的,知道了。

服务顾问:王先生,请再留一下您的联系电话。

客　　户:好的,我的,手机号码是 138××××××××。

服务顾问:王先生,到时我们的服务顾问会提前 24h 或 1h 提醒您,您看是打电话方便还是发短信方便?

客　　户:发短信。

服务顾问:好的,王先生,请您过来的时候一定别忘记带车辆的维修手册、车辆行驶证、驾驶证等相关证件,好吧。

客　　户:好的,谢谢提醒。

服务顾问:王先生,我帮您再确认一下。您的××××××(车牌)车辆预约后天早上

10:30来我店做4万km常规维护和检修刮水器偶尔有异响的故障,4万km常规维护的备件费和工时费共计1 429.01元,耗时2h。接待您的服务顾问是赵×,我们的服务顾问将会提前与您短信联系。刚才提醒您携带的证件、维护手册、车辆行驶证、驾驶证等相关证件别忘带,好吧。

客　　户:好的,谢谢再次提醒。

服务顾问:王先生,感谢您的来电,再见。

客　　户:再见。

3. 填写预约登记表

(根据掌握的情况,填写预约登记表中的相应信息,以便节约接车时间)。

4. 角色互换

其他同学依次进行角色互换,完成实训任务。

5. 学习测试

完成演示后,填写任务学习测试表1-4

学习测试表　　　　表1-4

被动预约	姓名:	日期:
	班级:	成绩:

一、填写预约登记表

预约单号:

服务顾问		主修人		工位	
客户名称		联系人		联系电话	
牌照号		底盘号		行驶里程	
预约接车开始时间		预约接车结束时间			
预约维修开始时间		预约维修结束时间			
维修类型		预约类型			
交通服务		付费方式			
地址					
维修项目			维修备件		
维修项目费用合计		维修备件费用合计		总费用	
客户故障描述:					
经销商建议:					
预约专用工具:					

二、根据预约话术编写一段被动预约对话

6. 考核

考核标准见表1-5。

考核标准　　表1-5

检验项目	评价标准	小组评价	教师评价
预约准备工作	准备资料完整(2分)		
客户沟通	1. 预约话术: 正确(3分);基本正确(2分);错误较多(1分) 2. 定期维护或零部件维修更换报价: 正确(3分);基本正确(2分);错误较多(1分)		
预约确定	1. 填写预约登记表的完整度: 完整(3分);基本完整(2分);错误较多(1分) 2. 确定项目的完整度: 完整(3分);基本完整(2分);错误较多(1分)		
总体评价	1. 演练过程中的精彩度: 非常精彩(3分);精彩(2分);还可以(1分) 2. 演练过程中的熟练度 非常熟练(3分);熟练(2分);不太熟练(1分)		
综合评定结果(满分20分)			

项目二 接车准备

一、项目说明

预约后的准备工作是维修顾问根据掌握的情况合理安排技术人员；落实技术方案实施的场地、人员、备件、专用工具、设备、技术资料；如果出现问题，预约不能如期执行，尽快通知客户或车间相关人员重新预约。其目的是为了节约客户来店的接车时间，保证客户能如约到店，避免无法践约，从而给客户造成时间上的损失，引起客户抱怨，从而维护企业的信誉度。

二、项目准备

了解客户信息和客户需要服务的项目。

三、实训教学目标

(1)了解客户需求，确认维修车间的备料、工具、技师工作量分配情况。

(2)锻炼同学们良好的沟通能力，具有一定的亲和力、协调组织能力。

(3)能够协调客户需求与车间生产情况之间的关系，落实预约后的准备工作。

四、实训设备及工具

电话 4 部，客户档案 4 份，电脑 4 台(能上网)，汽车常用件价格表及常规维修项目工时费价格表 4 份。

五、教学组织

1. 教学组织形式

每组实训设备安排 10 名学生参与实训。一名学生按照客户预约时的需求进行预约后的准备工作(客户确定预约及能践行后，通知维修车间和备件部门做好相应的准备等工作)，其余同学进行观察学习，并对该学生的介绍提出改进建议。10 名学生依次进行展示训练。

2. 学生分工和要求

(1)1 名学生扮演维修顾问，负责展示整个预约工作过程。

(2)1 名学生扮演客户，与维修顾问完成互动环节。

(3)1 名学生扮演车间管理员、车间调度员和工具资料管理员与维修接待完成互动环节。

其余学生进行观察学习后，指出其演示过程中存在的优点和缺点。

3. 实训教师职责

讲解实训步骤和注意事项，按照展示过程进行检视、指导和纠正错误。

4. 学生职责变换

1 名学生演示完毕后，其他同学依次进行角色互换，完成实训任务。

六、工作流程

1. 工作内容

(1)草拟工作定单:包括目前为止已了解的内容,可以节约接车时间。

(2)检查是否是重复维修,如果是,在定单上做标记以便特别关注。

(3)检查上次维修时发现但没纠正的问题,记录在本次定单上,以便再次提醒用户。

(4)估计是否需要进一步工作。

(5)通知有关人员(车间、备件、接待、资料、工具)做准备。

(6)提前一天检查各方能力的准备情况(技师、备件、专用工具、技术资料)。

(7)如果需要,准备好替代车及租车协议。

(8)根据维修项目的难易程度合理安排人员。

(9)定好技术方案(对于重复维修、疑难问题)。

(10)如果是外出服务预约,还要做相应的其他准备。

2. 工作要求

(1)如准备工作出现问题,预约不能如期进行,尽快告诉用户重新预约。

(2)建议车间使用工作任务分配板。

3. 情景描述

经服务顾问赵×确认后,客户王先生周三上午10:30要来店对他的汽车进行4万km的常规维护和检修刮水器偶尔异响的故障。赵×提前72h和24h与客户沟通,确定客户能否按时到店,并协调备件车间管理员、车间调度员和工具资料管理员做好接触准备工作。

(1)预约完成后,服务顾问应及时将DS-CRM客服端中的预约登记表信息同步到DSERP(企业资源计划)系统中,并在当天下班前检查维护透明车间中的预约看板,确保预约客户信息准确无误。

(2)备件车间管理员、车间调度员、工具资料管理员和维修接待,分别在自己的电脑终端接收并查看预约登记表,做好相应的准备工作。

备件车间管理员:对照预约登记表中的预约项目对备件的需求,查看备件库存情况。如库存备件满足预约登记表中的全部需求,则备件车间管理员在DS-ERM中的预约登记表上确认。

工具资料管理员:对照预约登记表的服务项目,匹配相应的维修设备和专用工具,检查其完备情况,并确保功能正常。如果维修设备和专用工具可满足预约项目的全部需求,工具资料管理员则立即在DSERM中的预约登记表上确认。

车间调度员:检查工位、人员、通用工具等筹备情况,并确保正常。如上述条件可满足预约项目的全部需求,车间调度员则立即在DSERM中的预约登记表上确认。

(3)备件车间管理员、车间调度员和工具资料管理员三方确认后,维修接待开始服务工作,在客户预约时间前72h或24h,分别以客户期望的方式提醒客户并确认客户能否履约。

距预约时间72h维修接待打电话给客户,提醒并确认客户能否履约。

服务顾问:王先生,您好,我是××××××经销商服务顾问赵×,我们已经按照预约时间为您安排好了接待工作,请问您能在星期三上午10:30来店吗?

王 先 生:应该可以。

服务顾问:那好,我们会在周二下午再次给您致电,和您确定预约时间,非常感谢,并期待您的光临,再见。

王 先 生:再见。

(距预约时间 24h 维修接待打电话给客户提醒客户并确认客户能否履约)

服务顾问:张先生,您好,我是一汽大众经销商服务顾问赵×,我们已经为您安排好了明天上午 10:30 的接待工作,请问您能否准时到达?

王 先 生:应该可以。

服务顾问:好,明天下午维修接待赵×将提前 1h 与您联系,请您带好维修手册、行车证、驾驶证等相关证件,按约定时间到店。非常感谢,并期待您的光临,再见。

王 先 生:再见。

(4)制订预约排班表。当天下班之前,服务顾问要制订预约排班表,并交给服务经理、引导员、维修接单员等相关人员。

(5)服务接待应该在预约时间到达前 1h 致电客户,询问客户能否按时到店。

维修接待:您好,我是××××××经销商维修接待赵×,请问您是××××××(车牌)××××××(车型)的车主王先生吗?

王 先 生:是的。

维修接待:您好,王先生,请问您现在方便接听电话吗?

王 先 生:方便,你请讲。

维修接待:王先生,此次给您打电话是想确认一下,您预约下午 4 万 km 的常规维护和刮水器偶尔异响的故障检修,我们已经做好了准备工作,请问您能否准时到达?

王 先 生:可以,我会准时到达。

维修接待:王先生,请您带好维修手册、行车证、驾驶证等相关证件,按约定时间到店,您的工位我们将会为您保留 10min 的时间,请您及时到达,路上注意安全,期待您的光临,再见。

王 先 生:谢谢,再见。

(6)如果维修接待确定客户能够如约到达,则维修接待立即在 DSERM 中的预约登记表上确认(表 2-1)。

维修接待预约准备确认表 表 2-1

备件确认	工具确认	主修人确认	维护接待提前 1h 确认
是否确认 是( )否( ) 确认时间 确认人	是否确认 是( )否( ) 确认时间 确认人	是否确认 是( )否( ) 确认时间 确认人	是否确认 是( )否( ) 确认时间 确认人

(7)维修接待完成 1h 客户预约确认后,通知备件仓库管理员、工具资料管理员,维修技师做好准备工作。

维修接待:预约车辆××××××(车牌)××××××(车型)将于 10:30 准时到达,请各部门做好准备工作。

备件仓库管理员:收到。

工具资料管理员:收到。

维修技师:收到。

(8)维修接待检查看板所显示的客户信息是否准确,准备好接车所需工具、表格和服务包,做好接车准备。

(9)备件仓库管理员按预约登记表中的预约维修项目,准备好预约备件,做好标识,放在预约货架上。

(10)资料管理员按预约登记表中的预约维修项目,检查所需的工具是否齐备、完好。

(11)车间调度员做好工位、设备及通用工具的准备。

七、互换角色

其他同学依次进行角色互换,完成实训任务。

八、学习测试

完成演示后,填写任务学习测试表 2-2

学习测试表 表 2-2

<table>
<tr><td rowspan="2">维修接待</td><td>姓名:</td><td>日期:</td></tr>
<tr><td>班级:</td><td>成绩:</td></tr>
</table>

一、预约服务确定后,维修接待应做哪些准备工作

二、根据上述预约准备工作过程,填写维修接待预约准备确认表

备件确认	工具确认	主修人确认	维护接待提前 1h 确认
是否确认 是( )否( ) 确认时间: 确认人	是否确认 是( )否( ) 确认时间: 确认人	是否确认 是( )否( ) 确认时间: 确认人	是否确认 是( )否( ) 确认时间: 确认人

九、考核

考核标准见表 2-3。

考核标准 表 2-3

检验项目	评价标准	小组评价	教师评价
客户沟通话术准确度	正确(3 分);基本正确(2 分);错误较多(1 分)		
维修准备工作的完整性	完整(3 分);基本完整(2 分);错误较多(1 分)		
总体评价	1. 演练过程中的精彩度: 非常精彩(3 分);精彩(2 分);还可以(1 分) 2. 演练过程中的熟练度 非常熟练(3 分);熟练(2 分);不太熟练(1 分)		
综合评定结果(满分 12 分)			

项目三 接车制单

一、项目说明

一位客户如约来到维修服务企业维护或修理车辆,发现一切工作准备就绪,维修接待员正在等待他的光临,这让客户感到十分愉快,这也是客户又一次对维修企业建立良好信任的开端。因此,服务顾问应当具有良好的形象和礼仪,并善于与客户进行有效的沟通,体现出对客户的关注与尊重,体现出高水平的业务素质,从而顺利完成维修接车任务。

二、项目准备

在接待过程中,维修接待员有两项重要的工作,即填写接/交车单和签订维修施工单(任务委托书或维修委托任务书或维修合同)。

三、实训教学目标

(1)明确维修接车在维修流程中的意义及目的。

(2)掌握维修接车的主要标准和流程。

(3)通过演练维修接车的关键行为和有关技巧,提升维修成功率。

四、实训设备及工具

车4辆,客户档案4份,电脑4台(能上网),汽车常用件价格表及常规维修项目工时费价格表4份,接/交车单4份。

五、教学组织

1. 教学组织形式

将全班同学分10人为一组。1名学生扮演服务顾问接待维修车辆,1名学生扮演客户,通过了解客户的重要信息,掌握维修车辆的基本信息,并得到客户的确认签字后将车辆送入车间进行维修,其余同学进行观察学习,并提出建议。在2名学生训练完之后,其余学生继续交换角色进行训练。

2. 学生分工和要求

(1)1名学生扮演服务顾问,负责展示整个维修接待工作过程。

(2)1名学生学生扮演客户,与服务顾问完成互动环节。

(3)4学生扮演工门卫、引导员、前台接待员、服务员,与客户完成互动环节。

其学生进行观察学习后,指出其演示过程中存在的优点和缺点。

3. 实训教师职责

讲解实训步骤和注意事项,按照维修接车的关键流程进行检视、指导和纠正错误。

4. 学生职责变换

1 名学生演示完毕后，扮演客户角色，另外 1 名学生接替扮演服务顾问的角色，其余学生依次进行演练。

六、工作流程

情景案例：

周三下午 15:30，客户王先生驾驶自己的车辆来到汽车 4S 店，服务顾问赵 × 接待客户王先生。赵 × 根据客户的描述对车辆进行了初步的检查，检查完毕后赵 × 就车辆的故障现象、需要进行的维护项目、更换的配件等事项与王先生进行沟通。王先生同意按照赵 × 的建议进行维修，最后通知客户提车时间。

（一）工作内容

（1）识别用户需求（用户细分）。

（2）自我介绍。

（3）耐心倾听用户陈述。

（4）当着用户的面使用保护罩。

（5）全面彻底的维修检查。

（6）如果必要，与用户共同试车。

（7）总结用户需求，与用户共同核实车辆、用户信息，将所有故障及用户意见（修或不修）写在任务单上，用户在任务单上签字。

（8）提供详细价格信息。

（9）签关于车辆外观、车内物品协议（此内容有时包括在任务单上）。

（10）确定交车时间和方式（交车时间避开收银台前的拥挤时间）。

（11）向用户承诺工作质量，做质量担保说明和超值服务项目说明。

（二）工作要求

（1）遵守预约的接车时间（用户无须等待）。

（2）预约好的服务顾问要在场。

（3）接车时间要充足（有足够的时间关照用户）。

（三）接待服务流程

1. 门卫/引导员引导客户

（1）客户车辆进入维修服务中心入口处时，门卫应保持立正的站立姿势，衣着干净整洁，精神饱满。

（2）当车将驶入服务中心大门前，主动为客户打开维修服务中心大门，并向客户敬礼或行注目礼表示欢迎，向客户问好并询问来历，门卫根据客户回答，指引客户到指定的停车区。

（3）客户车辆到达服务中心区时，引导员面带微笑，快步迎上，引导客户将车辆停止停车位。

门　卫：您好，欢迎光临一汽大众 4S 经销店，请问您是看车的还是进行车辆维护？

客　户：进行车辆维护。

门　卫：您那边请，我们的引导员在那里。

客　户：好的，谢谢。

引导员：先生您好，请您将爱车开到车辆停车位，您那边请。

客　户:好的,谢谢。

2.服务顾问接待

(1)对于按时预约的客户,服务顾问应携带服务包,公函,接/交车单,防护五件套(手制动杆套,换挡杆套、转向盘套,座椅套和脚垫),预约标示牌和擦拭用无纺布,提前到接车区等待。等车辆停下后,服务顾问走向主驾车门旁,主动为客户打开车门,请客户下车。客户下车后,将车门关闭,然后面向客户,进行自我介绍。

(2)对于老客户,服务顾问应查询客户以往的维修档案,了解车辆以往的维修情况,以便对车辆有比较全面的把握,为提出可行的维修建议提供有效依据。

(3)对于初次见面的客户,服务顾问可递送自己的名片。服务顾问与客户确认预约项目,再主动询问客户除预约项目外,是否还有其他需求,认真倾听,并详细记录在接/交车单上,同时为预约车辆加装预约车辆标示牌。

服务顾问:王先生您好!欢迎您光临一汽大众4S经销店!我是您的服务顾问赵×,很高兴为您服务!。

服务顾问:王先生,根据我们的记录,您预约的项目是全新速腾4万km定期维护和刮水器偶尔有异响的故障检修,除了这些需求外,您还有其他需求吗?

客　户:没有了。

服务顾问:王先生,我将预约车辆标示牌放到您的车上。

客　户:好的。

服务顾问:王先生您的车辆已有预约标示牌,可以走预约通道,直接进入预留的工位进行维护修理,同时您可以优先享受洗车和结算服务。

客　户:好的。

(4)如果是非预约车辆、未按时预约的客户,引导员主动为客户打开车门,请客户下车,主动问候客户并做自我介绍,并将客户引至非预约车辆接待前台。前台接待员应礼貌、热情、规范地招呼客户。对于新客户,要新建客户档案及客户车辆档案,并存档。

前台接待员:女士您好,我是一汽大众4S经销店前台接待员宋××,请问有什么需要我来帮助您?

客　　户:我想做4万km的车辆维护和刮水器偶尔有异响的故障检修。

前台接待员:女士,怎么称呼您。

客　　户:姓韩。

前台接待员:"韩女士很抱歉,我们暂时没有空闲的服务部位,我们的预约要提前4h,这是我们的预约函,上面有预约电话号码和预约优惠条款,下次您来店就可以选择我们的预约服务,直接通过绿色通道进行车辆维护修理。

客　　户:好的。

前台接待员:请您慢走。

3.环车检查

(1)环车检查的目的:

①明确维修项目。

②记录车辆的基本数据及以前的损伤情况。

③记录所有已经遗失或损坏的部件。

④发现额外需要完成的工作。

⑤提醒顾客存放/带走遗留在车内的贵重物品。

(2)环车检查的步骤:

①引导客户环车检查,初步诊断。

②确认车辆功能和外观的原始状况并记录。

③车内需要带走或代为保管的物品提醒。

④需路试时,考虑是否需要其他技术人员参与。

⑤对疑难问题或需长时间诊断问题,填写问诊单,并向客户说明。

(3)服务顾问为客户讲解,并邀请客户一同进行环车检查。环检时,服务顾问应认真检查车辆每一处细节,就检查的内容与客户当面确认,及时记录在接/交车单上。向客户确认有无贵重物品或遗留物;如有,应当交还客户。

服务顾问:王先生,为了更好地了解您爱车的车况和设置,我们将为您的车辆进行环车检查。请问您方便跟我一起进行环车检查吗?

客　　户:好的。

(引导客户绕车顺时针进行环车检查)

图3-1　环车检查

位置1:

拉开车门,请顾客提供维修手册,在得到顾客允许后打开手套箱。

注意:手套箱是顾客的私密空间,在打开之前一定要先征求顾客的同意。

服务顾问:请问您的车上是否有贵重物品?您可以将贵重物品放在我们提供的储物袋里。

客　　户:好的。

位置2:

①将座椅套、脚垫、转向盘套等物品放置在车内。

②根据维修手册,核实发动机号、底盘号和以前的维修记录。

③核实里程数,记录燃油量。

④检查仪表板和电气元件的工作状况(如果时间允许的话)。

⑤检查前排座椅、仪表台上等处是否有顾客遗留的贵重物品。

⑥在从车里出来之前,释放发动机盖拉锁和所有门锁。

位置3:

①关上驾驶员门。

②走到位置3,记录左前车门、翼子板、发动机盖、后视镜等处的划痕、凹痕或漆伤。

③检查风窗玻璃上的划痕。

④检查左侧刷水片是否硬化或有裂纹。

⑤检查左前轮是否有不均匀磨损、裂纹等。

位置4：

①检查发动机舱里的部件（检查风扇皮带的张紧度、所有油液的存量和质量，是否有机油或水泄漏，蓄电池液高度等）。

②如果是第一次光临的顾客，再次检查发动机号、底盘号、车型编号。

③如果有必要，进行故障诊断或路试，请技术员或车间主管来完成。

位置5：

①检查右侧翼子板、右前门、右侧后视镜等处的车身和油漆损伤。

②检查右侧刷水片是否有硬化或有裂纹。

③检查右前轮胎是否有不均匀磨损和裂纹。

④确认轮饰盖是否完好。

位置6：

①检查右侧车身和油漆的损伤情况。

②检查是否有贵重物品遗忘在车后座上。

③检查右后轮胎是否有不均匀磨损或裂纹。

位置7：

①检查后门是否有车身和油漆损伤。

②掀起后背门，检查行李舱内是否有遗留的贵重物品。

③检查后风窗挡的刷水片是否有硬化或裂纹。

④确认所有随车工具齐全，千斤顶妥善固定在原位（如果时间允许的话）。

位置8：

①检查左侧车身和油漆的损伤情况。

②检查是否有贵重物品遗忘在车后座上。

③检查左后轮胎是否有不均匀磨损或裂纹。

(4)服务顾问询问客户是否洗车，是否保留旧件。为保护客户车辆及车内清洁，当着客户的面使用座椅防尘套、转向盘防尘套和脚踏垫等。确认公里数、车型、车外观损伤情况、咨询事项、内饰及其他肯定车辆原始状况的事项，在接/交车单上做好记录。

服务顾问：王先生，我们这里为您提供免费洗车服务，请问您是否需要？

客　　户：那好吧，洗一下吧，但一定要洗干净。

服务顾问：好的。另外，维修过程中会有旧件产生，如废弃油、六角头螺栓等，需要为您保留吗？

客　　户：不用了。

服务顾问：那好吧，请您随我到工作台，我再为您详细解释一下本次维护修理的内容，并开具任务委托书。王先生您这边请。

4. 估时估价

(1)车辆检测结束后，服务顾问引领客户前往工作台入座，在工作台前详细介绍接/交车单中的车辆检测结果，同时根据接/交车单中客户需求及车辆检测记录，确定维修项目、费用及预计交车时间，并与客户沟通，以便随后制订任务委托书，然后请客户签字。

服务顾问:王先生,我为您的爱车完成了初步检测,您的需求和描述、检测结果已经做了记录,您本次预约的维修项目为全新迈腾 4 万 km 定期维护和刮水器偶尔有异响的故障检修,预估修理费用为 1 429.01 元,时间为 2h,而关于刮水器偶尔有异响的故障检修,需要我们的维修技师仔细检查确认后方能确定具体增加的时间和费用。如果你没有问题的话,请您帮忙在这里确认签字。您请。王先生,请您稍等,我先帮您制订打印一下任务委托书。

客　　户:好的。

(2)接下来,服务顾问在 DSCRM 中及时维护客户信息及车辆档案信息。将与客户协商确认后的维修项目和相关信息录入 DSCRM 中,并打印任务委托书及条形码。服务顾问将条形码粘贴到任务委托书的左上角,将任务委托书、维护项目、定期维护单、接交车单、钥匙及相关资料,如服务包交予维修技师,同时填写定期维护单基本信息并附在任务委托书后,服务顾问需向顾客详细解释并请签字确认。

服务顾问:王先生,我再为您详细地解释一下本次维护修理的全部内容,您本次进行的是 4 万 km 的维护,工时费为 370 元,备件为机油滤清器 107 元,全合成长效机油 339.88 元,滤芯 61.25 元,带臭味及有害物质滤清器 90 元,火花塞 413.84 元,汽油添加剂 47 元,共计 1 429.01 元,耗时 2h。另外,您的爱车更换刮水器电机的备件费用为 350 元,工时费 80 元,需要的费用约为 430 元,需要增加半个小时的维修时间,共计 1 859.01 元,时间为两个半小时。另外,在检修过程中发现您的风窗清洗液剩余量不多,考虑您未来的使用,建议您添加一瓶,需要的费用约为 14 元,同时工时费和时间不再有增加,您看可以吗?

客　　户:可以。

服务顾问:好,张先生,这是全国统一的工时配件手册,您也可以简单地了解一下;另外,维护完后,机油可能有少量的剩余。请问您是继续带走还是留在店里?

客　　户:不用了。

服务顾问:王先生,我们还为您提供免费的洗车服务。

客　　户:好。

(3)服务顾问应对维修单上重点的内容向客户进行介绍,以体现物有所值。如客户对任务委托书和维修项目还有定期维护单上的内容与服务顾问的解释无疑问时,服务顾问双手并拢指向任务委托书的签字处,让客户签字确认。

服务顾问:王先生,请问您对本次维修的内容还有疑问吗?

客　　户:没有。

服务顾问:“那好,那您有其他的需求吗?”

客　　户:没有。

服务顾问:王先生,请您在这里签个字。

5. 中间关怀

(1)服务顾问在修车过程中,可询问是否愿意等待,如果愿意等待,服务顾问引领客户到休息区。服务顾问向客户介绍休息区的设施以及各种饮料,并告知客户免费享用。

服务顾问:王先生您是否留在这里等候维修。

客　　户:可以。

服务顾问:那好的,您这边请。

服务顾问：王先生，我们休息区提供免费上网，备有电视、各种报刊和杂志，您可以随意选择；另外，我们提供的冷饮和热饮。您均可以免费享用。王先生，这是我们的服务员小赵。

服务员：王先生您好。

服务顾问：好，王先生，您先休息，如果有需要我们再联系。

(2)随时跟踪维修进程，随时与客户沟通交流，告知客户维修进度，以免因等待时间过长、冷落、无聊等原因产生不愉快心情。

服务顾问：王先生，打扰一下，您的爱车大约还有 10min 就完工了，您看您还有什么要求吗？完工我来叫您，咱一起去验车。您看可以吗？

客　户：好的，谢谢。

七、角色演练结束后

(1)针对客户所维修的项目，简要总结一下维修接待员接待的流程及技巧。

(2)详细记录客户所修车辆的具体内容，认真填写接车问诊表及维修施工单。

(3)及时与客户进行沟通，确认客户新增维修项目的信息，注意更改维修项目信息。

八、考核

考核标准见表 3-1。

考核标准　表 3-1

检验项目	评价标准	小组评价	教师评价
环车检查项目	介绍流程每个方位正确记 1 分，共 6 分		
维修接车的技巧	正确(3 分)；基本正确(2 分)；错误较多(1 分)		
讲解精彩度	非常精彩(3 分)；精彩(2 分)；还可以(1 分)		
熟练度	非常熟练(3 分)；熟练(2 分)；不太熟练(1 分)		
	综合评定结果(满分 15 分)		

项目四 维 修

一、项目说明

维修工作是车间人员维修车辆的过程，通过合理的派工、规范的维修作业，在管控维修进度下，维修车间要做到保证按时交车，从而展示其生产效率。而这个过程对于客户来说是个漫长又焦急的等待过程，此时服务顾问要及时告知客户车辆的维修进度，以及当维修项目和维修时间需要变更时，要告知客户变更的原因及所需费用，在车间与客户之间起到桥梁作用，从而减缓客户等待过正中的焦急心情，使客户有个愉快的维修经历。

二、项目准备

了解客户信息和客户需要服务的项目。

三、实训教学目标

(1)掌握如何告知客户车辆的维修进度的话术。

(2)掌握当维修项目和维修时间需要变更时，应如何告知客户变更的原因及所需费用的话术。

(3)锻炼同学们良好的沟通能力，具有一定的亲和力、协调组织能力。

四、实训设备及工具

电话4部，电脑4台(能上网)，汽车常用件价格表及常规维修项目工时费价格表4份，服务包、维修项目变更表，车辆4辆，备件、维修工具。

五、教学组织

1. 教学组织形式

每组实训设备安排10名学生参与实训。一名学生扮演服务顾问，接车检查结束后将车交给维修技师，带领客户去休息区等待，并及时告知客户车辆的维修进度；当维修项目和维修时间需要变更时，及时告知客户变更的原因及所需费用，通过与维修技师和客户间的及时沟通，缓解客户等待的焦虑，并保证按时交车。其余同学进行观察学习，并对该学生的介绍提出改进建议。10名学生依次进行展示训练。

2. 学生分工和要求

(1)1名学生扮演服务顾问，负责展示整个预约工作过程。

(2)1名学生扮演客户，与维修顾问完成互动环节。

(3)1名学生扮演备件车间员工、维修技师与服务顾问完成互动环节。

其余同学进行观察学习后，对该名进行展示的同学的演示过程指出其优点和缺点。

3. 实训教师职责

讲解实训步骤和注意事项，按照展示过程进行检视、指导和纠正错误。

4. 学生职责变换

1 名学生演示完毕后，其他同学依次进行角色互换，完成实训任务。

六、工作流程演示

情景描述：客户王先生今天下午 10:30 要来店对他的汽车进行 4 万 km 的常规维护和刮水器异响的故障检修。服务顾问赵 × 在完成接车工作后将车开到维修车间交给车间调度员，并将客户带到客户休息区进行等待。在此过程中，服务顾问扮演桥梁角色，协调客户与维修技师之间的工作关系。

（1）服务顾问完成接车工作后，将车移到待修区，然后将服务包转交车间调度员，车间调度员根据维修进度管理看板合理分配任务。

（2）维修技师接到分派任务后，到车间调度员处领取服务包，同时确定是否理解接/交车单和任务委托书中的内容，以及确定项目是否能按照规定时间完成。

服务顾问：王调度，预约车辆 ××××××（车牌）已经到达，我已将该车开到待修区，请安排技师，这是该车的服务包。

车间调度员：好的。

车间调度员：王技师，预约车辆 ××××××（车牌）已经到达，请到我办公室来领取相关资料。

维修技师：好的。

车间调度员：王技师，这是预约车辆 ××××××（车牌）的服务包（登记表、接车单、委托书、维修单依次由下到上），请检查。

维修技师：好的。

车间调度员：还有什么问题吗？

维修技师：没有，请放心，我们尽量按时交车。

（3）确认无疑问后，维修技师前往待修区，根据接/交车单对待修车辆进行检查核实，维修技师确认防护五件套是否完整，如果发现有缺损，应该补齐。

（4）维修技师将车辆移入维修工位，并将车辆在系统中登录，同时与另一名维修技师进行维修项目沟通，并领取相应备件及工具，准备开始维修。

维修技师：你好，预约车辆 ××××××（车牌）已经到达，请你帮忙出料。

仓库备件管理员：好的，请稍等。

仓库备件管理员：请核对一下备件。

维修技师：好的，没有问题（核对完备件后，在领料单上签字）。

维修技师：你好，小唐。预约车辆 ××××××（车牌）已经到达，请你帮忙取一下维修工具，我需要 ××××××。

（领完工具后，应在领工具单上签字）

资料/工具管理员：好的，请稍等。

（当维修工具用完后，维修技师应及时归还，资料/工具管理员应对专用工具的状态认真检查，并签字确认）

（5）维修技师应对维修单中规定的维修项目逐一全部完成，并在表单上相应位置记录。

对于维修项目,维修技师根据接/交车单和任务委托书对车辆进行认真检查,仔细分析,准确判断后进行维修作业。发现需要变更维修项目时,维修技师应通知服务顾问。

维修技师:你好,赵×,我是李×。预约车辆××××××(车牌)故障已经检测完毕,请到快修2号工位。

服务顾问:好的。

(如果对故障有疑问,维修顾问与维修技师应及时沟通)

维修技师:赵×,经过我们认真检查。预约车辆××××××(车牌)刮水器异响的原因是刮水器电动机出现故障,需要更换电动机。

服务顾问:好的,请稍等。

服务顾问:你好,小余。预约车辆××××××(车牌)刮水器异响的原因是刮水器电动机出现故障,需要更换电动机,请问库房有库存吗?

仓库备件管理员小余:你好,我查一下。

仓库备件管理员小余:仓库有库存。

服务顾问:好的,谢谢。

(6)确定有库存后,服务顾问填写《维修项目变更申请表》,并估时、估价记录到维修变更表中;然后携带《维修项目变更表》前往通知客户,按照项目变更内容,使用FFB方法向客户逐项解释,并征询客户意见,必要时可以引领客户前往现场察看。

服务顾问:王先生,您好!关于您描述的刮水器异响的故障经过我们技师的仔细检查,发现是由于刮水器电动机故障导致的,需要更换电动机,我们仓库有备件,今天可以为您进行维修作业,请问您今天需要修复故障吗?

(服务顾问在向客户解释的时候,明确告知客户备件缺货状态和备件到货时间)

客　　户:当然。

服务顾问:王先生,更换电机的备件费用为350元,工时费80元,需要的费用约为430元,需要增加半个小时的维修时间;另外,在检修的过程中发现您的风窗清洗液剩余量不多,考虑您未来的使用,建议您添加一瓶,需要的费用约为14元,同时工时费和时间不再有增加,您看可以吗?

客　　户:好的。

服务顾问:好的,请您稍等。

(与客户确定完所有项目的维修意见之后,服务顾问将所有项目及客户意见向客户复述一遍,并请客户在《维修项目变更申请表》中确认签字)

服务顾问:好的,王先生,这是您的《维修项目变更申请表》,请您确认。您本次增加的项目为更换刮水器电动机和添加风窗清洗液一瓶,预估增加工时费为80元,备件费为364元,预估增加总费用为444元,预估增加时间为半个小时,如果没有疑问的话,请您确认后签字。您请,在这里。

服务顾问:王先生,不打搅你休息了,我现在就去通知维修技师继续修车,完工后,我会及时通知您的。

(服务顾问向客户礼貌道别)

客　　户:好的。

(对于不在店内等待的客户,服务顾问用客户期待的方式与客户联系于客户进行沟通,按照维修项目申请表中的内容，使用 FFB 方法，逐项向客户做作出解释，并征询客户意见，同时服务顾问使用电话录音或其他有效方式留下客户意见的证明）

（7）服务顾问将《维修项目变更申请表》和任务委托书交还原维修技师，服务顾问重新交代任务后，由原维修技师继续维修。

（8）如果维修时间超过 1h，服务顾问至少向客户通报一次维修进度提示，不包括维修前的接车。

①对于能按时交车的客户。

服务顾问：王先生，您好！您的爱车刚做完 4 万 km 的常规维护，马上要进行更换刮水器电动机作业，预计还需要半个小时左右就能交车了，修理完毕后我会及时通知您。

客　　户：好的。

②对于不能按时交车的客户。

服务顾问：王先生，我们非常抱歉地通知您，您的爱车在维修过程中需要进行详细检查，寻求故障原因，不能保证按照原定的时间准时交车，预计还需要 1h 才能完成，请您见谅，稍等一会。修理完毕后我们会及时通知您取车。

客　　户：好的。

服务顾问：谢谢您的理解和配合。

③对于客户同意维修，备件缺货的项目。

服务顾问通知客服专员将客户和预计维修项目信息录入 DSCRM 系统，在备件到货后，由客服专员通知客户，并预约维修时间。

（9）维修技师对照接/交车单整理客户要求回收的旧件，将客户需要回收的旧件包装后放置在客户期望的位置，并注意旧件整洁，维修技师将客户不需要回收的旧件归到旧件展示区或按环保要求实施处理。维修工作结束后，维修技师在维修车辆离开工位前仔细清理车辆，做到作业部位、车身内部、车身外部三清洁。

（10）维修技师在车辆维修结束后，根据接/交车单、任务委托书、维修项目变更申请表、车辆定期维护单、维护车辆的作业项目自行检查，逐一对照，查看有无遗漏项目（提示：如果有遗漏项目，则实施弥补。）然后检查车辆内外有无维修过程中带来的污渍和损坏，如果有污渍应及时清理，如果有损坏应及时向客户解释，征得客户同意后继续修复，同时还要检查旧件是否已妥善处理。确认无误后，维修技师在任务委托书上的主修自检栏内签字（对于维护车辆还必须在定期维护单上签字）。

（11）维修技师将维修车辆和服务包交给班组长进行互检作业，班组长对维修技师所做的项目进行逐一检查，认真核对。对互检不合格的车辆，班组长立即向维修技师指出，由其重新维修，互检合格后，互检人在任务委托书互检栏签字。

（12）互检完成后，维修技师扫描维修下线，并通知质量检查员对车辆进行终检。

七、互换角色

其他同学依次进行角色互换，完成实训任务。

八、学习测试

完成演示后，填写任务学习测试表 4-1。

学习测试表 表4-1

维修	姓名：	日期：
	班级：	成绩：

一、当维修顾问得知需要变更维修项目时应如何处理？

二、对于不在店内等待的客户，服务顾问应如何处理？

三、对于不能按时交车的客户，服务顾问应如何处理？

九、考核

考核标准见表4-2。

考核标准 表4-2

检验项目	评价标准	小组评价	教师评价
客户沟通话术准确度	正确(3分)；基本正确(2分)；错误较多(1分)		
维修过程中工作的完整性	完整(3分)；基本完整(2分)；错误较多(1分)		
总体评价	1. 演练过程中的精彩度： 非常精彩(3分)；精彩(2分)；还可以(1分) 2. 演练过程中的熟练度： 非常熟练(3分)；熟练(2分)；不太熟练(1分)		
	综合评定结果(满分12分)		

项目五　质　　检

一、项目说明

汽车质检是汽车维修过程和维修服务流程中非常重要的一个环节。维修技术员将车辆维修结束后，需经过维修技术人员严格的自检、班组组长复检和车间主管/质检技术员的终检，从而保障车辆的维修质量。同时，为了确保在交付车辆时能兑现对顾客的质量承诺，车辆在车间维修完成后，维修接待员在车辆交付前对竣工车辆应进行严格的交车前检查，掌握客户车辆的详细维修细节和车辆状态，确保能让顾客满意。

二、项目准备

了解客户需要服务的项目和客户车辆故障原因。

三、实训教学目标

(1)掌握车辆故障检修的方法。

(2)训练同学们汽车故障自检、互检方面的能力。

(3)完成对竣工车辆进行交车前的检查的作业，并掌握客户车辆的详细维修细节和车辆状况。

四、实训设备及工具

电话 4 部，客户档案 4 份，电脑 4 台(能上网)、汽车 4 辆。

五、教学组织

1. 教学组织形式

每组实训设备安排 10 名学生参与实训。一名学生扮演维修技师进行车辆竣工后的自检，另两名同学扮演班组组长和车间主管对竣工车辆进行互检，一名同学扮演维修顾问对竣工的车辆进行严格的检查后准备进行交车，其余同学进行观察学习，并对该学生的展示提出改进建议。10 名学生依次进行展示训练。

2. 学生分工和要求

(1)1 名学生扮演维修技师进行车辆竣工后的自检。

(2)2 名同学扮演班组组长和车间主管对竣工车辆进行互检。

(3)1 名学生扮演维修顾问进行质检工作过程的演示。

其余同学进行观察学习后，对以上进行展示的同学的演示过程指出其优点和缺点。

3. 实训教师职责

讲解实训步骤和注意事项，按照展示过程进行检视、指导和纠正错误。

4. 学生职责变换

1 名学生演示完毕后，其他同学依次进行角色互换，完成实训任务。

六、工作流程

情景案例：

维修技师将客户王先生的汽车修复后，要通过本人的自检、班组组长的复检和车间主管/质检技术员的终检，最后由接待赵×通过已经掌握的客户车辆的维修情况和车辆状态再对完工车辆进行交车前的检查，其目的是做好交车前的质检工作，使客户对车辆的维修质量放心。

维修技师：你好，预约车辆××××××（车型）已经维护、检修完毕，请给予检查。

质量检查员：好的。

质量检查员接收维修技师移交的车辆和服务包后将其质检登录，同时依据接/交车单、任务委托书、维修项目变更申请表、定期维护单对车辆进行全面检验。对车辆的维护项目质量检查员对每辆车至少抽检定期维护单中的 5 个项目，并在定期维护单的对应质检项目上盖章或签名确认。对于车辆的维修项目，质量检查员需要检查全部项目，根据接/交车单、任务委托书、维修项目变更申请表对车辆故障的描述，质量检查员确定是否需要路试。对于终检检查不合格者，质量检查员开具内部返工单，标明不合格项目后交由原来维修的班组长安排车辆返工；质检合格者质量检查员在任务委托书、定期维护单对应的终检栏签字。接着质量检查员将接/交车单、任务委托书、维修项目变更申请表、变更维修项目、车辆定期维护单放回服务包，与检验合格的车辆一起交给维修技师。

维修技师取下车身保护罩，携带服务包将车辆送交洗车班组。归还专用工具，整理工位及维修设备工具。

终检结束，质量检查员根据检查的结果，汇总每天的车辆质检记录。

洗车机工接到维修车辆后，检查确认车辆上的防护五件套是否完整，如果有缺损，应予以补齐；如果是预约车辆，洗车技师取下预约标识牌，洗车技工按照企业特许经销商标准洗车流程指导手册进行洗车作业。洗车组长对洗好的车辆进行洗车质量检查，合格后在洗车记录表上签字确认，然后将车辆交给移车员。

随后移车员将车辆移至交车区车头向外停放，并将服务包转交接待员，由接待员通知原接车服务顾问接车。

接 待 员：车辆××××××（车号）已维修完毕，请到 3 接待台领取服务包。

服务顾问：接到。

服务顾问到接待员处领取服务包后到交车区，服务顾问从服务包内取出接/交车单、任务委托书、维修项目变更申请表、变更维修车辆定期维护单对照其中项目对车辆逐项进行检查，车辆检查合格后，服务顾问将系统车辆设置为接车状态，填写确认接/交车单中的交车检查项目，然后携带服务包回到接待区，在 DSERP 系统中确认完工审核，对照服务包内单据中的内容检查维修项目、价格、完工时间和客户的其他需求与预先沟通的是否完全一致，服务顾问打印结算单放入服务包，准备通知客户取车。

七、角色互换

其他同学依次进行角色互换，完成实训任务。

八、学习测试

完成演示后，填写任务学习测试表 5-1。

学习测试表 表 5-1

质　检	姓名：	日期：
	班级：	成绩：

一、车辆维修结束后能够立即交车吗？

二、维修顾问检查车辆合格后还应做哪些工作？

九、考核

考核标准见表 5-2。

考 核 标 准 表 5-2

检验项目	评价标准	小组评价	教师评价
质检工作演示的完整性	完整(3 分)；基本完整(2 分)；错误较多(1 分)		
内部交车流程演示的准确度	准确(3 分)；基本准确(2 分)；错误较多(1 分)		
总体评价	1. 演练过程中的精彩度： 非常精彩(3 分)；精彩(2 分)；还可以(1 分) 2. 演练过程中的熟练度 非常熟练(3 分)；熟练(2 分)；不太熟练(1 分)		
综合评定结果(满分 12 分)			

项目六 交车结算

一、项目说明

交车结算,它是提高销售服务店维修的透明度,增强客户对销售服务店的信心,保证销售服务店能够全程高质量的对客户提供完整的服务,避免各类纠纷,同时在客户对本次服务满意以后,为销售服务店创造客户下次光临的基础。

二、项目准备

自选一款市场上的在售车型,了解其交车结算的流程和所需结算单等,训练中运用所学知识进行讲解。

三、实训教学目标

(1)掌握品牌车辆产品科技知识。

(2)掌握交车的方法和礼貌用语。

四、实训设备及工具

整车一辆。

五、教学组织

1. 教学组织形式

安排3名学生参与实训,一名学生扮演服务顾问,一名学生扮演结算员,另外一名扮演顾客。这三名学生按照维修接待的整个流程进行交车结算这一环节的实践操作,其余同学进行观察学习,并对该学生的介绍提出改进建议。全班同学按照每3名一组依次进行展示训练。

2. 学生分工和要求

1名学生扮演服务顾问,按照交车结算的流程进行讲解,另外一名学生扮演顾客,随服务顾问的指引观察车辆,剩余一名学生扮演结算员进行处理汽车维修过后所产生的一切费用。

3. 实训教师职责

讲解实训步骤和注意事项,按照交车结算的流程进行检视、指导和纠正错误。

4. 学生职责变换

1名学生演示完毕后,扮演顾客角色,另外1名学生接替扮演其服务顾问的角色,剩余一名扮演结算员的角色,每组3人轮换角色。

六、工作流程

1. 车辆清洗

负责岗位:洗车工。

销售服务店必须设车辆清洗工位,根据业务量大小安排洗车工人数;同时,配备冷水高压清洗机、泡沫机、麂皮等必要的清洗设施。

车辆维护修理终检完毕,作业人员根据客户需要提供免费清洗。对需要清洗的车辆,由专人负责将验收完毕的车辆开至洗车工位,进行洗车作业。

外观清洗:必须确保不出现漆面划伤、外力压陷等情况,工作服上不可有金属制品等,以免划伤车身,防止车身发生腐蚀等现象。

内部清理:彻底清洗驾驶室、行李备舱、发动机舱等部位。烟灰缸、地毯、仪表等部位的灰尘都要清理干净,注意保护车内物品,不得遗失或损坏。

前、后风窗玻璃,主、副仪表板,左外、车内、右外后视镜等重点部位要认真清洗擦拭。

车辆停放:车辆清洗完毕后需专人驾驶停放到竣工车停放区,车辆摆放要整齐,车头向外,便于驶出停车场。

通知受理车辆的同一服务顾问交车,并将车钥匙、派工单、包装好的旧件(非索赔且客户要求带走的)交接给服务顾问。

2. 交车准备

负责岗位:服务顾问。

服务顾问接到车辆后要立即与客户取得联系,约定交车的时间、方式及结账事宜等。注意:必须在客户方便的时间内进行车辆交接。

礼貌、热情、得体、规范地接待前来接车的客户。

3. 验车、交车

负责岗位:服务顾问。

必须由受理车辆的同一服务顾问负责将车辆交还给客户。

对于客户要求不进行清洗作业的车辆,服务顾问(可根据客户意愿当着客户的面)用油掸子清洁前后风窗玻璃、车门窗玻璃、外后视镜等。

验车前,服务顾问应当着客户的面取下一次性车辆护具。

服务顾问应先陪同客户查看车辆的维护修理情况,如有必要可与客户共同试车,同时用通俗易懂的语言向客户说明作业内容。对客户提出的疑问要给予耐心地解释,直到客户满意为止。对于客户要求带走旧件,将包装好的旧件交给客户。交车结算业务流程见图 6-1。

在客户验车完毕并对作业质量满意后,服务顾问即可生成费用结算清单和出门证(索赔车只需生成出门证),将所发生材料费和工时费逐项列出并向客户进行说明,同时回答客户提出的问题,消除客户的疑问。

打印结算清单、出门证,对结算单上的项目进行说明和提醒,如对索赔客户保用权益的提醒,更换关键件后车辆应注意的事项和磨合的提醒等。

征询回访的方式(手机或座机)及时间,并标记在派工单上。对于局部钣金、喷漆和维护作业的客户,征询客户是否接受回访;其他作业项目必须进行跟踪回访。

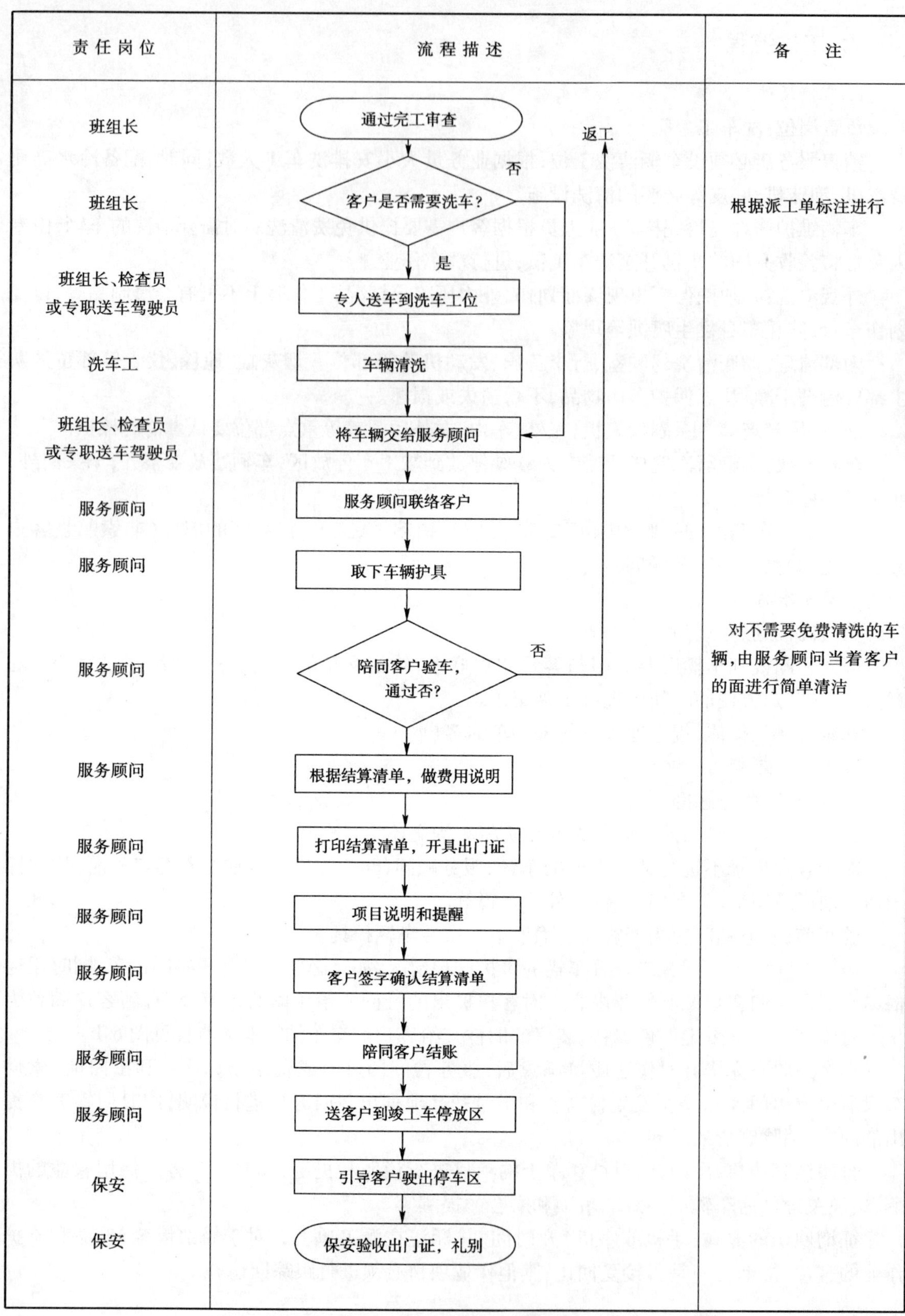

图6-1　交车/结算业务流程图

客户在结算单签字后，服务顾问陪同自费客户到结账处结账。财务人员应主动向客户问候，收款、开具发票，并在出门证及结算清单上加盖财务专用章。

服务顾问将车辆钥匙、行车证交给客户，向客户说明有关下次维护里程及今后车辆使用方面的建议。

将能够随时与服务顾问取得联系的方式（电话号码等）告诉客户，便于为客户提供24h全天候优质服务。

服务顾问送客户到客户车辆旁边同客户道别，引导客户驶出停车位，目送客户车辆驶出店门。

保安验收出门证、敬礼，引导客户车辆驶入车道。

情景对话如下。

服务顾问：张先生，很高兴通知您，您的爱车已维修完毕，如果您方便的话，请速和我一起去看车。

顾　　客：好。

服务顾问：张先生，这边请。

服务顾问：张先生，您这次汽车维修的项目是：1万km定期维护，检查天窗自动开启功能和添加天窗清洗液一瓶，经过我们全面细致的质量检查，维修项目已全部按要求完成，同时，我们对您的车辆完成了免费的外观清洗和内室吸尘，并对您的车辆主要设置进行了恢复；另外，您的旧件按环保要求进行了处理，稍后，我们会向您展示一下本次维修的主要项目。首先，我帮您取一下车辆的防护五件套。张先生，下面看一下机油的情况，您的机油液面完全在标准范围之内，机油会起到润滑和冷却的作用，定期更换会保证您的发动机一直处在最优的状态。

服务顾问：张先生，另外剩余的机油已寄存到店里，同时也能够方便您下次使用，下面看一下天窗的清洗液，已经为您添加完毕。

顾　　客：好的

服务顾问：张先生，您还有什么疑问和其他需求吗？

顾　　客：没有了。

服务顾问：那好，我们先到工作台为您详细介绍一下本次维修的费用。

顾　　客：好。

服务顾问：张先生，您这边请。张先生，您对维修单以上的内容还有什么疑问吗？

顾　　客：没有了。

服务顾问：好的，请您在这里签个字，这是您本次的维修结算单，本次维修项目为：1万km定期维护，检查天窗自动开启功能和添加天窗清洗液，工时费用为314元，同时，其他的两项维修项目费用是免费的，配件费用为521元，其中：4L机油一桶为292元，1L机油一桶为78元，机油滤清器一个为80元，六角头组合螺塞一个为10元，汽油添加剂一支为48元，天窗清洗液一瓶为13元，总费用为835元。那么，实际费用和时间与以前估计的基本一致，同时，我们对您的车辆进行了免费清洗和全方位检测，确保您爱车的使用性能和用车安全。

服务顾问：那么，张先生，请问您对结算单的解释还有什么疑问吗？

顾　　客：没有。

服务顾问：那请帮忙在这里签个字好吗？

顾　　客:好的。

服务顾问:张先生,按照您的用车习惯,下次维护时间大约在 12 月底,下次维护里程为 2 万 km,到时我们的客户专员会与您预约维护时间,您也可以拨打我们的预约电话××××××,这样我们就可以提前安排好服务顾问,预留工位,从而提高效率。

服务顾问:张先生,为了进一步提高服务品质,我们的客服专员会在 48h 之内与您联系,对您做一次服务满意度的回访,请问您什么时间方便呢?

顾　　客:明天下午。

服务顾问:好,张先生,我现在把我的名片写在结算单上,上面有我们的预约电话和 24h 服务电话与我个人的联系方式,您在以后的用车过程中有需求的话,随时致电和我联系好吗?

顾　　客:好。

服务顾问:张先生,请您再确认一下交车单的信息,如果没有疑问的话,请您帮忙评价并确认后签字。

服务顾问:好,张先生,请随我到收银台办理结算。

服务顾问:张先生,这就是我们的收银员张××。

顾　　客:你好。

收 银 员:张先生您好。

服务顾问:小张,这是张先生本次的维修结算单。

收 银 员:张先生,您本次的维修总费用为 835 元,请问您是刷卡还是交现金?

顾　　客:刷卡。

收 银 员:那好,张先生,请你向我提供一下您的银行卡。张先生,本次消费总额为 835 元,请您确认一下,请您帮我输一下密码,请按确认键,先生麻烦帮我签一下字。张先生,您的发票是开成公司的还是个人的。

顾　　客:开个人的。

收 银 员:好,我帮你开发票。张先生,请稍等,我帮你开具您的出门证。

顾　　客:好的。

收 银 员:这是您的银行卡,出门证,发票,身份证,结算单。确认一下有没有问题。

顾　　客:没问题。

收 银 员:很高兴为你服务,张先生慢走。

顾　　客:好的,谢谢。

服务顾问:张先生,这是您的钥匙。

顾　　客:好的。

服务顾问:张先生,感谢您的光临,祝您度过开心的一天,请慢走!

顾　　客:好的。

门卫:您好,先生,请您提供一下出门证。

顾　　客:好的。

门卫:谢谢,祝你旅途愉快,请慢走!

顾　　客:好的,谢谢。

七、财务结算

1. 同城结算与异地结算

国内转账结算交易双方所处的地理位置分为同城结算与异地结算两种。

(1)同城结算,是指同一城镇内各单位之间发生经济往来而要求办理的转账结算。同城结算有支票结算、委托付款结算、托收无承付结算和同城托收承付结算等。其中,支票结算是最常用的同城结算方式。

(2)异地结算,是指异地各单位之间发生经济往来而要求办理的转账结算。异地结算基本方式有异地托收承付结算、信用证结算、委托收款结算、汇兑结算、银行汇票结算、商业汇票结算、银行本票结算和异地限额结算等。其中,异地托收承付结算、银行汇票结算、商业汇票结算、银行本票结算和汇兑结算是最常用的异地结算手段。

2. 现金结算与转账结算

货币结算按其支付方式的不同,可分为现金结算和转账结算。

(1)现金结算,是指发生经济行为的关系人直接使用现金结清应收应付款的行为。

(2)转账现金,是指发生经济行为的关系人使用银行规定的票据和结算凭证,通过银行划账方式,将款项从付款单位账户划到收款单位的账户,以结清债权债务的行为。转账结算是货币结算的主要方式。转账结算的主要信用工具有:支票、汇兑、委托受款、银行汇票、商业汇票、银行本票和信用卡共7种。支票结算是最常用的同城结算方式。

3. 支票结算流程

(1)开立账户办理结算。

(2)付款人根据商品交易、劳务供应或其他经济往来向收款人签发支票;

(3)收款人将商品发运给付款人,或向付款人提供劳务服务。有时,根据实际情况,收款人在未收到支票的情况下,也可先提供商品或劳务服务,后收取支票。

(4)收款人将支票送交开户银行入账。

(5)收款人开户银行向付款人开户银行提出清算。

(6)付款人开户银行根据有关规定计划转货款或劳务服务款。

(7)收款人开户银行给收款人收妥款项后,通知收款人入账。

(8)付款人与开户银行定期对账。

八、结束

(1)转交产品资料,并附上名片或联系方式。

(2)当车辆维修完毕之后,服务顾问会做好交车准备,“透明车间管理系统”会向车主播报车辆是否处于交车状态。

(3)服务顾问热情、细致地会同车主验车,向车主解释作业内容、工时费、材料费,并展示旧件,对愿意接收跟踪回访的客户做好记录。

(4)车主在结算单上签字后,服务顾问陪同车主交款、取车,提醒维护注意事项等,让车主满意而归。

九、考核

考核标准见表6-1。

考核标准　　表 6-1

检验项目	评价标准	小组评价	教师评价
介绍流程	分介绍流程,3 个步骤正确记 2 分,共 6 分		
检查任务委托书上是否有维修技师和质检签字	有(3 分);只有一个(2 分);无(1 分)		
讲解精彩度	非常精彩(3 分);精彩(2 分);还可以(1 分)		
熟练度	非常熟练(3 分);熟练(2 分);不太熟练(1 分)		
	综合评定结果(满分 15 分)		

项目七 跟踪服务

一、项目说明

跟踪服务的目标是:让顾客确信你为他着想,一切以他的满意为原则。提供使顾客感到欣喜的服务,使顾客根本不会考虑换到别处修车。让顾客知道经销商很感谢他们的光临,确保顾客高满意度,以维持与顾客的稳固关系。服务致谢和确保顾客欣喜的措施一定要真诚,并能对顾客提出的不足之处作出改进,表现出你对他的关注。

二、项目准备

从 DSCRM 系统顾客提醒清单中查找当天需要去电致谢的顾客记录(提醒时间为 48h 内),查找顾客的信息(如果没有在顾客提醒清单中),确定顾客类型,顾客期望的联系方式(短信、电子邮件、电话等)。

三、实训教学目标

(1)掌握客服回访话术。

(2)具备处理一些常见问题的技能。

四、实训设备及工具

DSCRM 系统电话 4 部,维修类客户信息 4 份,电脑 4 台,《车辆常见问题解答》、《客户满意度调查表》、《客户投诉抱怨登记表》各 4 份。

五、教学组织

1. 教学组织形式

每部电话、每台电脑和客户信息安排 10 名学生参与实训,一名学生查看 DSCRM 系统中根据前一天业务每天自动提供的跟进提醒。用顾客希望的方式联络顾客。用三个简短的问题评估顾客的满意度:

(1)推荐意向。

(2)总体服务经历满意度。

(3)再访经销商。

短信通报亲情卡积分变动情况(附维修预约电话和投诉电话)。

说明提供 24h 全天候道路救援。

其余学生进行观察学习,并对该学生的介绍提出改进建议。10 名学生依次进行展示训练。

2. 学生分工和要求

(1)一名学生扮演客服专员,负责跟踪回访。

(2)一名学生扮演客户,模拟各种回访情景。

其余学生进行观察学习后,指出其演示过程中存在的优点和缺点。

3. 实训教师职责

讲解实训步骤和注意事项,按照展示过程进行检视、指导和纠正错误。

4. 学生职责变换

1 名学生演示完毕后,其他学生依次进行角色互换,完成实训任务。

六、工作流程

(一)情景案例一

查看 DSCRM 系统中根据前一天业务每天自动提供的跟进提醒,与客户联系。

客服专员:您好! 请问您是××先生(女士)吗?

客　　户:你好,我是。

客服专员:先生(女士)您好! 我是××公司客服专员××,您的车辆于×月×日在我公司进行了一次维护(修理)是吗?

客　　户:是的。

客服专员:针对这次服务我们想做个电话回访。耽误您几分钟时间,您看您方便吗?

客　　户:方便。

客服专员:非常感谢您! 请您对以下问题用"非常满意"、"满意"、"一般"、"不满意"做个客观评价好吗?

客　　户:好的。

客服专员:您对正确完成维护(修理)工作完成情况的评价是?

客　　户:非常满意。

客服专员:好的,谢谢! 那么您对交车时车辆干净整洁度方面的满意程度如何呢?

客　　户:非常满意。

客服专员:您这次和前一次来站是否因为同一故障而到店?

客　　户:不是。

客服专员:那么请您对维护(修理)工作开始前服务人员对即将展开工作的说明满意度如何呢?

客　　户:非常满意。

客服专员:那么对已完成维护(修理)工作或结算清单解释方面的满意程度如何?

客　　户:非常满意。

客服专员:请问您对服务人员积极倾听您的要求和期望并给予响应方面的满意程度如何?

客　　户:非常满意。

客服专员:那么您对服务人员的专业知识水平方面的满意程度如何呢?

客　　户:非常满意。

客服专员:您对服务人员友好程度方面的评价是?

客　　户:非常满意。

客服专员:您对在服务站停留时间方面的评价是?

客　　户:非常满意。

客服专员:您对到店时接车过程等待时间方面的满意度如何?

客　　户:非常满意。

客服专员:您对交车过程的等待时间方面的满意程度如何?

客　　户:非常满意。

客服专员:服务人员是否在约定的时间内完成了维护(修理)工作呢?

客　　户:是的,都完成了。

客服专员:哦,好的,谢谢! 那么您对维护(修理)工作性价比方面的满意程度如何?(索赔、保险、首保不牵扯费用,不用问)

客　　户:非常满意。

客服专员:那么在维护(修理)工作开始之前,服务人员是否告知预估的费用?

(索赔,保险,首保不牵扯费用,不用问)

客　　户:嗯,是的,告诉我了。

客服专员:那么结算清单的费用是否同预估费用基本一致呢?

(索赔,保险,首保不牵扯费用,不用问)

客　　户:嗯,是的,是一样的。

客服专员:好的,非常感谢您的配合,您以后有任何问题可及时联系我们,我们将尽快为您解决! 祝您一切顺利,并感谢您光临本店。让顾客欣喜是我们服务的宗旨,打电话打扰您了,感谢您的接听,再见!

客　　户:好的,再见!

回访结束后客服专员将回访信息全部录入 DSCRM 系统进行保存。

(二)情景案例二

针对非欣喜客户反映问题的演练。

客服专员:您好,××女士/先生。请问服务人员是否在约定的时间内完成了维护(修理)工作呢?

客　　户:维护(修理)完后,我感觉车辆后部杂音。不知道是怎么回事?

(调出 DSCRM 中的顾客档案,搜索维修过该车辆的技师。应用 CPR 方法来解决顾客提出的问题)

客服专员:因为在交还每辆车之前我们都对车辆进行了质量检查,××女士/先生,请您再多告诉我一些有关杂音的细节,以便我们能为您做出满意的安排。

客　　户:好的,我感觉就是在速度不是太快的时候就能听到,制动的时候也能听到从后面传来的噪声。

客服专员:也就是说,您现在不仅在制动时,而且随时都能听见车辆后部的杂音。我对此表示歉意,××女士/先生。您是否满意对我们来说非常重要,我们将派专人去取回您的车辆,并给您提供一辆代步车,现在就过去,可以吗?

客　　户:这样太好了。现在我在家。

(查看结算单以确认哪位服务技师修理过这辆车)

客服专员:好极了,我将让我们的服务人员张×去您家,您家的地址是×区×街×号是吗?

客　　户:是的,没错。

客服专员:哦,好的,到时候他会向您做自我介绍,您可以陪他一起去查看您的车。他将检查车辆后并向您出示一些文件,以便车辆修好后您来取车。我估计他 1h 内可以到您那里。这样安排您觉得可以么?

客　　户:好的,可以。

客服专员:好的,非常感谢您的配合,有什么问题请您随时和我联系,再见!

客　　户:好的,谢谢,再见!

(三)跟踪回访的行动规范

(1)服务后48h内联系所有服务过的顾客。

(2)根据顾客期望的联系方式与之联系,了解完成的服务内容和服务技师的情况。

(3)询问所有顾客的满意度。

(4)询问是否感到欣喜。

(5)快速解决顾客的疑问,因为时间就是金钱。

(6)对顾客满意度的调查或顾客投诉案例中反复出现的问题制订行动计划。

(7)使用CPR方法对顾客满意度调查出现的问题进行情景再现。

用CPR工具清楚地了解问题所在。

说明问题，使用开放式与封闭式的问题。

复述问题,以确保能够理解顾客所提出的问题和担忧。

基于已说明及未说明的提示线索来明确问题。

分析制订解决方案。

是否技术问题,要求再次预约。

是否接待问题,需要接待人打电话或致歉,进一步的信息 ……

落实方案:

联系顾客,确认方案是否有效。

对于返修顾客,提供帮助,确保顾客满意和欣喜。

对简单的维修工作,派快速维修人员上门进行维修（到家或公司）。

如果返修需要较长时间,提供上门取车服务,并同时提供代步车给顾客暂用。

(8)评估解决这些问题的效果。

(9)将心比心,为顾客设想——这不需要任何成本。

(四)回访客户并使其感到的欣喜的因素

(1)客服中心在服务后48h内联系所有顾客,表示感谢并确保顾客满意。

(2)根据顾客在新车交付过程中确定的联系方式(通过短信、电子邮件或电话)向顾客致谢。

(3)根据顾客想要的联系方式(通过短信、电子邮件或电话)向顾客进行满意调查。

(4)顾客在服务后如有问题,交给一个能解决问题的人,而不是转手给多人来解决。

(5)一个人“负责”解决顾客的问题。

(6)CPR问题解决方法能有效地管理和解决问题。

(7)确定顾客的担忧或问题:

“请再详细说说您不断听到的汽车尾部的吱吱声。”

用自己的话重复顾客的担忧,向顾客表达你的理解:

“我能理解您的担心。”

提供一个能满足顾客需求的解决方案:

“我马上让我们的服务技师和您一起开车出去,让他听后判断是什么问题,然后帮您解决问题。”

(8)赋予服务顾问与客服人员一定额度的开支处理权限,以迅速解决问题（建议在当前

5%的基础上给予增加)。

(9)建立费用管理标准体系。

(10)问题出现的时间,问题的原因,事件细节描述,涉及的人员以及解决方式。

(11)对服务顾问和客服人员进行关于这些标准的培训,包括情景再现。

(12)根据满意度结果,每月召开一次改进会议。

(13)详细记录顾客投诉,以用于改进工作。

七、工作附表

表7-1为客户满意度调查表,表7-2为客户投诉抱怨登记表。

客户满意度调查表

(存档期:一年)　　表7-1

客户姓名		联系电话		交车日期	
车辆型号		车牌号		维修单号	
进厂事由	首次维护 □　日常维护 □　一般维修 □　钣金喷漆 □				

您是如何知道这个地方的?(可多选)

A.报纸 □　B.杂志 □　C.电视 □　D.广播 □　E.网络 □　F.灯箱 □　G.朋友推荐 □　H.其他方式 □

您对下面16个问题进行打分,只需在相应的分数上圈出即可,如果该内容没有涉及,请圈“无”

1.如果您进行了预约,为您安排的预约时间	10	9	8	7	6	5	4	3	2	1	无
2.接待时,服务顾问对故障的诊断能力											
3.打印委托单前,服务顾问对预计维修时间及费用的说明											
4.服务顾问在接待时的工作效率											
5.发现新问题,服务顾问与您及时沟通并征得您的同意											
6.维修过程中对车辆的爱护											
7.维修质量											
8.车间人员的工作效率											
9.交车时车辆清洁状态											
10.交车时服务顾问对进行项目及发生费用的解释											
11.费用的合理性											
12.服务顾问在交车时的工作效率											
13.在经销商处停留期间,您对工作人员衣着仪表的满意度											
14.在经销商处停留期间,您对工作人员工作态度的满意度											
15.在经销商处停留期间,环境设施带给您的舒适程度											
16.对于本次服务,您的整体满意度											

您对我们有什么意见与建议,欢迎您提出,谢谢!

客户签名:

经销商处理意见

服务经理签名:

对所有问题评分为 5 分或以下的顾客应询问其原因。

客户投诉抱怨登记表 表 7-2

编号：

<table>
<tr><td colspan="3">客户姓名：</td><td colspan="2">电话：</td><td colspan="2">投诉受理人：</td><td>问题来源：电话/来店/其他</td></tr>
<tr><td colspan="2">车型：</td><td colspan="2">委托书号：</td><td colspan="2">服务顾问：</td><td colspan="2">受理时间 年 月 日 时 分</td></tr>
<tr><td>车牌号：</td><td>行驶里程：
万公里：</td><td colspan="2">维修技师：</td><td colspan="3">问题发生日期 年 月 日</td><td>最终解决日期： 年 月 日</td></tr>
<tr><td colspan="2">最近一次维护
修理时间：</td><td colspan="6" rowspan="2">客户描述：</td></tr>
<tr><td colspan="2" rowspan="2">问题类型
维修质量□
服务态度□
备件缺乏□
产品质量□
等待时间□
其他问题□</td></tr>
<tr><td colspan="6">总监批示：</td></tr>
<tr><td colspan="2" rowspan="2"></td><td colspan="2" rowspan="2"></td><td colspan="3">客服跟踪：</td><td>考核处理：</td></tr>
<tr><td colspan="3">客服签字：</td><td>部门签字：</td></tr>
<tr><td>解决方案：</td><td></td><td>改进描述：</td><td></td><td colspan="4" rowspan="2">总监意见：</td></tr>
<tr><td>部门签字：
日期：</td><td></td><td>部门签字：</td><td></td></tr>
</table>

八、考核

考核标准见表7-3。

考核标准　　表7-3

		考核项目	评价标准	小组评价	教师评价
服务跟踪	跟踪回访规范	1. 回访人员是否首先报出店名和姓名	1. 是； 2. 否，只报出店名或一汽大众； 3. 否，只报出姓名		
		2. 回访人员是否询问用户对于经销商服务经历的总体满意度	1. 是； 2. 否，没有问及此问题		
		3. 回访结束前是否对客户表示感谢(如：感谢您的配合等)	1. 是； 2. 否，没有感谢类的话语		
		4. 抱怨处理能力	非常熟练 熟练 一般 不熟练		
		5. 总体评价	非常熟练 熟练 一般 不熟练		

参考文献

[1] 李保良,任跃宇,张殿国.汽车维修企业管理人员培训教材[M].北京:人民交通出版社,2004.

[2] 李刚.汽车配件经营与管理[M].北京:化学工业出版社,2001.

[3] 刘晓峰,高婷婷.汽车美容与装饰[M].北京:科学出版社,2009.